BEI GRIN MACHT SICH IHR WISSEN BEZAHLT

- Wir veröffentlichen Ihre Hausarbeit, Bachelor- und Masterarbeit

- Ihr eigenes eBook und Buch - weltweit in allen wichtigen Shops

- Verdienen Sie an jedem Verkauf

Jetzt bei www.GRIN.com hochladen und kostenlos publizieren

Bibliografische Information der Deutschen Nationalbibliothek:

Die Deutsche Bibliothek verzeichnet diese Publikation in der Deutschen National-bibliografie; detaillierte bibliografische Daten sind im Internet über http://dnb.d-nb.de/ abrufbar.

Impressum:

Copyright © 2005 GRIN Verlag, Open Publishing GmbH
Druck und Bindung: Books on Demand GmbH, Norderstedt Germany
ISBN: 9783638662499

Dieses Buch bei GRIN:

http://www.grin.com/de/e-book/53016/vergleich-der-hotelpreise-in-berlin

Cathrin Meisen

Vergleich der Hotelpreise in Berlin

Erklärung der Unterschiede in den Zimmerpreisen mit Hilfe von Varianz- und Regressionsanalyse

GRIN Verlag

GRIN - Your knowledge has value

Der GRIN Verlag publiziert seit 1998 wissenschaftliche Arbeiten von Studenten, Hochschullehrern und anderen Akademikern als eBook und gedrucktes Buch. Die Verlagswebsite www.grin.com ist die ideale Plattform zur Veröffentlichung von Hausarbeiten, Abschlussarbeiten, wissenschaftlichen Aufsätzen, Dissertationen und Fachbüchern.

Besuchen Sie uns im Internet:

http://www.grin.com/

http://www.facebook.com/grincom

http://www.twitter.com/grin_com

Vergleich der Hotelpreise in Berlin

Erklärung der Unterschiede in den Zimmerpreisen
mit Hilfe von Varianz- und Regressionsanalyse

Hausarbeit

vorgelegt am 05. Dezember 2005

an der

Berufsakademie in der Fachhochschule für Wirtschaft Berlin

Bereich:	Wirtschaft
Fachrichtung:	Tourismusbetriebswirtschaft
Studienjahrgang:	2003
Studienhalbjahr:	5. Semester
von	Cathrin Meisen
Ausbildungsbetrieb	Berlin Tourismus Marketing GmbH

Inhaltsverzeichnis

1. Einleitung

Die Berliner Hotellandschaft ist durch eine Vielzahl an Hotels aller Preisklassen geprägt. Hierbei ist zu beobachten, dass es Hotels in allen Kategorien gibt, die unterschiedliche Qualitäts- und Ausstattungsmerkmale aufweisen.

Doch welche Merkmale eines Hotels berechtigen es dazu einen höheren Preis als das Nachbarhotel zu verlangen? Die vorliegende Hausarbeit möchte dieser Frage auf den Grund gehen, um zumindest auf Grundlage der zur Verfügung stehenden Daten eine Aussage darüber treffen zu können. Nicht alle Faktoren können berücksichtigt werden, weil sie zum einen nicht als Datenmaterial vorliegen und zum anderen aus nicht messbaren Kriterien bestehen, da sie nur subjektiv zu bewerten sind. Dies wären zum Beispiel der Wohlfühlfaktor in einem Hotel oder die schöne Umgebung sowie die zuvorkommende Freundlichkeit des Personals.

Die Zielstellung dieser Hausarbeit liegt darin, anhand einer eigens zusammengestellten Datenbasis den Zusammenhang zwischen den unterschiedlich hohen Zimmerpreisen in Hotels (Preis für Einzelzimmer, Preis für Doppelzimmer) und zwischen verschiedenen Qualitätsmerkmalen, wie Ausstattung des Zimmers (z.B. Sanitäreinrichtung, Klimaanlage, Internet-/Faxanschluss), allgemeine Leistungen des Hotels (z.B. Lift, Zimmerservice, Parkplatz, Restaurant) sowie zusätzlichen Angeboten (z.B. Sauna, Innen- oder Außenpool, Fitnessraum) zu untersuchen und so gut wie möglich zu erklären. Zusätzlich wurden weitere Merkmale untersucht, die das jeweilige Hotel näher umschreiben (z.B. Sterneklassifizierung, Lage des Bezirkes in Berlin, Entfernung zum nächstgelegenen touristischen Anziehungspunkt, Entfernung zur Messe sowie zum nächstgelegenen Flughafen und Regionalbahnhof). Zu diesem Zweck wurden in der vorliegenden Arbeit zwei statistische Methoden der deskriptiven Statistik verwendet. Mit Hilfe des Programmsystems SPSS (Statistical Package for the Social Sciences) wurden die mehrfaktorielle Varianz- und die lineare Regressionsanalyse durchgeführt und Grafiken zur weiteren Veranschaulichung erstellt.

Im ersten Teil der Arbeit werden die theoretischen Grundlagen dargestellt. Der Begriff Hotel wird definiert und die Hotellandschaft in der Destination Berlin wird näher betrachtet. Im Anschluss wird das System der deskriptiven Statistik aufgezeigt und von anderen statistischen Methoden abgegrenzt. Der letzte Abschnitt dieses Kapitels befasst sich mit den statistischen Modellen der Varianz- und der Regressionsanalyse. Kapitel Drei beinhaltet den praktischen Teil der Arbeit. Zuerst wird die zu Grunde gelegte Datenbasis dargestellt und erläutert. Im weiteren Verlauf wird auf die Ergebnisse der Varianz- sowie der Regressionsanalyse eingegangen. Diese werden im Anschluss u. a. anhand geeigneter Grafiken interpretiert.

2. Theoretische Grundlagen

Kapitel Zwei befasst sich zum einen mit den theoretischen Grundlagen des Hotelwesens und ferner mit den Grundlagen der deskriptiven Statistik, da beide zu gleichen Teilen Bestandteil dieser Hausarbeit sind.

2.1 Grundlagen des Hotelwesens sowie der Hoteldestination Berlin

„Ein Hotel ist ein Beherbergungsbetrieb, in dem eine Rezeption, Dienstleistungen, tägliche Zimmerreinigung, zusätzliche Einrichtungen und mindestens ein Restaurant für Hausgäste und Passanten angeboten werden. Ein Hotel sollte über mehr als 20 Gästezimmer verfügen."[1] Diese Definition der Betriebsarten durch den Deutschen Hotel- und Gaststättenverband e.V. (DEHOGA) erfolgt in enger Anlehnung an die internationale Terminologienorm DIN EN ISO 18513. Sie weicht von der allgemein verwendeten Definition ab, welche z.B. das Statistische Landesamt Berlin zu Grunde legt. Dort sind Hotels statistisch erfasst, wenn sie mehr als neun Betten aufweisen (siehe Anhang Seite VIII).

Grundsätzlich ist ein Hotel eine Einrichtung, welche vorrangig Beherbergungsleistungen und darüber hinaus andere, zum Teil freiwillige Dienstleistungen, wie Verpflegung, Information oder Reinigung anbietet. Diese Tatsache führt zu der Überlegung, dass ein Hotel einen umso höheren Zimmerpreis verlangen kann, je mehr zusätzliche Leistungen es anbietet, da es sich dadurch von der Konkurrenz positiv abgrenzen kann.

<u>Die Sternekategorien der Hotels</u>

Das wichtigste Qualitäts- sowie Unterscheidungsmerkmal für Hotels stellen die Sternekategorien dar. Der Gast kann ohne weitere Kenntnisse des Hotels Mindeststandards entsprechend der Anzahl der Sterne erwarten (siehe Anhang Seite VI). Die durch Sterne ausgedrückten Kategorien sind das Ergebnis der freiwilligen Deutschen Hotelklassifizierung des DEHOGA nach internationalem Standard.[2] Beherbergungsbetriebe ohne Sternebezeichnung haben an der freiwilligen Hotelklassifizierung nicht teilgenommen oder befinden sich im laufenden Antragsverfahren. Ein Rückschluss auf ihren Standard über die Klassifizierung ist daher nicht möglich.

Bei der Wahl des Hotels bzw. bei der Kalkulation des Zimmerpreises reicht eine alleinige Betrachtung der Kategorie nicht aus. Sie ist jedoch ein großer Einflussfaktor und wirkt sich zusätzlich auf andere Qualitätsmerkmale aus, da sie diese als Mindeststandard für gewisse Kate-

---

[1] DEHOGA (2005 c), http://www.dehoga-berlin.de/home/betriebsarten_952_924.html.
[2] Vgl. DEHOGA (2005 a), http://www.hotelsterne.de/, über Link: "Sterne deuten".

gorien vorschreibt. Zu erwähnen wären hier die Sanitärausstattung, das Vorhandensein eines Restaurants oder eines Lifts und des 24-stündigen Zimmerservices.

Die Hotellandschaft in der Destination Berlin

Im Jahr 2004 gab es in Berlin 558 Hotels, mit mindestens neun Betten. In diesen 558 Hotels wurden 13.260.393 Übernachtungen von Gästen aus aller Welt generiert. Der Großteil der Hotels konzentriert sich in den Bezirken Mitte (City Ost) sowie Charlottenburg-Wilmersdorf (City West). In diesen beiden Bezirken wurden 7.901.876 der gesamten Übernachtungen gezählt. Die durchschnittliche Aufenthaltsdauer in Berlin betrug 2,2 Tage.[3] Anhand der im Anhang abgebildeten Grafik lässt sich die Verteilung der insgesamt angebotenen Betten in den Beherbergungsstätten Berlins auf einen Blick erkennen (siehe Anhang Seite VIII).

Laut der aktuellen Statistik von Juli 2005 des DEHOGA sind insgesamt 218 Hotels in Berlin klassifiziert. Dies entspricht knapp 40 % der gesamten Betriebe. Unter den klassifizierten Hotels gibt es aktuell 15 Luxus-Hotels, 82 First-Class-Hotels, 95 Komfort-Hotels, 22 Standard-Hotels sowie 4 Tourist-Hotels (siehe Anhang Seite VII).[4] Das Preisniveau der Berliner Hotellerie ist im Vergleich zu anderen Großstädten gering. Laut einer Studie aus dem Jahre 2003 lag der durchschnittliche Zimmerpreis in Berlin bei 98 Euro. Somit belegte Berlin u. a. hinter Paris (183 Euro), Rom (174 Euro) und London (173 Euro) den neunten Platz der Rangliste (siehe Anhang Seite VII).[5]

Berlins Hotellandschaft ist folglich durch ein umfassendes Angebot charakterisiert, welches für jeden Touristen das passende Hotel bietet. Das Angebot reicht von der kleinen familiengeführten Pension am Stadtrand bis hin zum 5-Sterne-Luxushotel in Berlins neuer Mitte am Potsdamer Platz. Das Gros der Hotels befindet sich in Berlins zentralen Bezirken nahe den touristischen Anziehungspunkten sowie den Shopping-Meilen. Lediglich 40 % der Betriebe sind nach DEHOGA klassifiziert. Im europäischen Vergleich genügt Berlins Hotellandschaft allen Anforderungen an eine Großstadt und stellt mit seinen günstigen Preisen darüber hinaus ein attraktives Reiseziel dar.

---

[3] Vgl. Statistisches Landesamt Berlin (2005), http://www.statistik-berlin.de/framesets/aktuell.htm, über Links: „aktuell" „Die kleine Berlin-Statistik 2005" „Handel, Gastgewerbe, Tourismus".
[4] Vgl. DEHOGA (2005 b), http://www.hotelsterne.de/, über Link: "Sterne zählen".
[5] Vgl. Berlin Tourismus Marketing GmbH (2005), http://www.meet-in-berlin.de/, über Links: "Kongress -und Tagungsplanung" "Hotels".

2.2 Grundlagen der deskriptiven Statistik

2.2.1 Begriffsbestimmungen und Abgrenzung

Statistik ist eine „wissenschaftliche Disziplin, deren Gegenstand die Entwicklung und Anwendung formaler Methoden zur Gewinnung, Beschreibung und Analyse sowie zur Beurteilung quantitativer Beobachtungen (Daten) ist."[6]

Grundsätzlich wird Statistik untergliedert in:

- Wahrscheinlichkeitsrechnung (Beschreibung zufälliger Ereignisse und zufälliger Vorgänge)

- Deskriptive Statistik (Analyse eines Datensatzes, die berechneten Maßzahlen gelten allein für die Menge der vorliegenden Fälle)

- Schließende / Stochastische Statistik (aus vorliegenden Daten eines Teiles der interessierenden Fälle wird auf Maßzahlen aller interessierenden Fälle geschlossen)[7]

Die vorliegende Arbeit beschäftigt sich im Folgenden mit der deskriptiven Statistik. Grundlage der statistischen Auswertung können Fragebögen oder gemessene Eigenschaften sein, aus welchen eine Datenbasis erstellt wird. Die Datenbasis stellt die Gesamtheit der erhobenen Daten dar und kann quantitative (z.B. Zimmeranzahl) und qualitative (z.B. Lift vorhanden) Merkmale beinhalten.[8] Die erhobenen Daten werden in unterschiedlichen Skalentypen dargestellt. Nach der, der Messung von Eigenschaften zugrunde liegenden, Skala werden nominale, ordinale und metrische Merkmale unterschieden. Nominale Merkmale erlauben die Feststellung der Gleichheit oder Ungleichheit von Einheiten (z.B. Sauna vorhanden). Ordinale Merkmale erlauben zusätzlich die Feststellung von Rangordnungen der Einheiten in Größer-Kleiner-Relationen (z.B. Hotelkategorie). Metrisch skalierte Merkmale können zusätzlich die Gleichheit oder Ungleichheit von Abständen und Verhältnissen messen (z.B. Anzahl der Zimmer).[9]

Betrachtet man Wirkungszusammenhänge zwischen zwei Merkmalen/Variablen X und Y, wird Y als abhängiges Merkmal und X als unabhängiges Merkmal bezeichnet, wenn X als ursächlich für Y angesehen wird. Die Ausprägungen von X werden als Faktorstufen bezeichnet.[10]

Zur Überprüfung, ob ein signifikanter Zusammenhang zwischen den betrachteten Variablen vorliegt, verwendet man den Signifikanztest. Zunächst wird ein zu tolerierendes Signifikanz-

---

[6] Vogel, F. (1999), S. 3.
[7] Vgl. Bellgardt, E. (2004), S. 2.
[8] Vgl. Kähler, W.-M. (2004), S. 7.
[9] Vgl. Vogel, F. (1999), S. 5 ff.
[10] Vgl. Kähler, W.-M. (2004), S. 331.

niveau bestimmt, welches meist 0,05 (5 %) beträgt. Nach dem Test werden nur diejenigen Variablen in die Analyse aufgenommen, welche höchstens den Signifikanzwert 0,05 aufweisen. Das bedeutet, dass Faktoren mit einer höheren Irrtumswahrscheinlichkeit nicht in die Auswertung eingehen, da diese das Modell nicht ausreichend und statistisch gesichert erklären könnten.[11]

Nachfolgend werden die beiden Verfahren der deskriptiven Statistik, die dieser Hausarbeit zur Berechnung der Unterschiede in den Zimmerpreisen dienten, erläutert.

2.2.2 Die Varianz- und die Regressionsanalyse

Das Augenmerk dieser Arbeit liegt auf der Interpretation der gewonnenen Ergebnisse aus den beiden Modellen, nicht in der detaillierten Darlegung der theoretischen Grundlagen. Daher ist dieser Teil der Arbeit vergleichsweise kurz gehalten.

<u>Die 1-faktorielle Varianzanalyse</u>

Das Streuungsmaß Varianz ist das Quadrat der Standardabweichung, die wiederum die durchschnittliche Abweichung der einzelnen Beobachtungswerte vom arithmetischen Mittel angibt. Das arithmetische Mittel ist gleich der Summe aller gültigen Werte, dividiert durch deren Anzahl. Um die Streuung der Werte zu berechnen, werden die Abweichungen der einzelnen Werte vom arithmetischen Mittel betrachtet. Um negative Abweichungen zu vermeiden wird die Standardabweichung quadriert und diese Werte anschließend addiert. Damit das Ergebnis dieser Berechnung nicht allzu stark von der Anzahl der erfassten Werte abhängt, wird die Summe der quadrierten Abweichungen durch die Stichprobengröße (bzw. Stichprobengröße – 1) dividiert. Somit erhält man die Varianz der untersuchten Variablen.[12]

Im Modell der Varianzanalyse wird nachgeprüft, ob das als abhängig angesehene Merkmal Y durch das unabhängige Merkmal X statistisch beeinflusst wird. Genauer gesagt wird untersucht, ob X Einfluss auf den Mittelwert von Y hat.

Die 1-faktorielle Varianzanalyse muss drei Voraussetzungen erfüllen, damit die Ergebnisse des Signifikanztests gültig sind. Das abhängige Merkmal Y ist intervallskaliert, während das unabhängige Merkmal X nominalskaliert ist und mindestens drei Faktorstufen besitzt. Y sollte für jede der Faktorstufen normalverteilt sein, d.h. es ist im Vorhinein zu prüfen, ob Y für alle Ausprägungen von X die gleiche Verteilung besitzt. Dritte Voraussetzung ist die Varianzgleichheit (d.h. die Varianz der betrachteten Variablen ist in den verschiedenen Fallgruppen

---

[11] Vgl. Janssen, J. / Laatz, W. (2003), S. 302 f.
[12] Vgl. Brosius, F. (2002), S. 343 ff.

gleich groß). Da bei der Varianzanalyse das Merkmal X als Faktor bezeichnet wird, wird hierbei auch von einer 1-faktoriellen Varianzanalyse gesprochen.[13]

Die mehrfaktorielle Varianzanalyse

Da zum Vergleich der Hotelpreise in Berlin die mehrfaktorielle Varianzanalyse angewendet wurde, wird nicht näher auf die 1-faktorielle Analyse eingegangen. Sie diente als Hinführung zum mehrfaktoriellen Modell, welches auch Allgemeines Lineares Modell (ALM) genannt wird. Grundsätzlich wird auch hier der Einfluss unabhängiger, erklärender Variablen auf die Mittelwerte einer abhängigen Variablen untersucht. Dieses Modell erlaubt darüber hinaus die Untersuchung von mehreren unabhängigen Variablen und deren Einfluss auf Y. Des Weiteren können intervallskalierte unabhängige Merkmale als so genannte Kovarianten berücksichtigt werden. Ferner lassen sich unter anderem Interaktionsbeziehungen zwischen den unabhängigen Variablen auswerten.[14]

Im System der Varianzanalyse wird die gesamte Varianz der abhängigen Variablen gedanklich aufgeteilt. Zum einen Teil in die Varianz zwischen den Gruppen, welche die Abweichung der Gruppenmittelwerte vom Gesamtmittelwert über alle Gruppen zeigt. Zum anderen Teil in die Varianz innerhalb der Gruppen. Diese stellt die Abweichung der einzelnen Messwerte innerhalb der Gruppe vom jeweiligen Gruppenmittelwert dar. Sind die Unterschiede zwischen den Gruppen relativ groß, bei gleichzeitig nicht allzu großer Varianz innerhalb der Gruppen, so kann davon ausgegangen werden, dass die Gruppenzugehörigkeit einen Einfluss auf die abhängige Variable hat. Denn es zeigt an, dass die einzelnen Gruppen sehr unterschiedliche Mittelwerte aufweisen, innerhalb der Gruppen jedoch alle Werte sehr ähnlich sind.[15]

Als Maß für die Erklärungskraft der gesamten untersuchten Faktoren steht das Bestimmtheitsmaß R-Quadrat zur Verfügung. Dieser Wert vergleicht die durch das Modell vorhergesagten Werte, auf Grundlage der Werte der unabhängigen Variablen, mit den tatsächlichen Werten der abhängigen Variablen. Der Wert von R-Quadrat liegt zwischen 0 (es besteht überhaupt kein Zusammenhang zwischen den Variablen) und 1 (die abhängige könnte in vollem Umfang aus der unabhängigen Variablen erklärt werden).[16]

Voraussetzungen für die mehrfaktorielle Varianzanalyse sind: Die abhängige Variable ist metrisch skaliert und in der Grundgesamtheit normalverteilt. Mindestens eine unabhängige Variable muss eine Aufteilung in Gruppen ermöglichen. Diese kann auch nominal skaliert

---

[13] Vgl. Kähler, W.-M. (2004), S. 331 ff.
[14] Vgl. Brosius, F. (2002), S. 589 ff.
[15] Vgl. Ebenda, S. 482.
[16] Vgl. Ebenda, S. 592 f.

sein und wird dann Faktor genannt. Weitere Voraussetzungen sind die Gleichheit der Varianzen in den einzelnen Gruppen (Varianzhomogenität) und dass die Vergleichsgruppen unabhängige Zufallsstichproben sein müssen.[17] Der Vorteil des mehrfaktoriellen Modells liegt in der Möglichkeit der Analyse der Interaktion der Variablen sowie in der Verminderung des Versuchsfehlers. Das ALM liefert folglich präzisere Ergebnisse.

Die Regressionsanalyse

Regression bedeutet von Bezugnahme oder Rückgriff (Regress). Daher wäre es sinnvoller von Dependenz (Abhängigkeit) zu sprechen, da das Merkmal Y von X abhängig ist.[18] Ähnlich wie in der Varianzanalyse beschreibt die Regressionsanalyse den Einfluss einer oder mehrerer unabhängiger Variablen auf eine abhängige Variable. Im Mittelpunkt der Regressionsanalyse steht eine aus der Datenbasis zu ermittelnde Gleichung, die meist linear ist.[19] Die Modellannahme für das einfache lineare Modell lautet:

Zwischen den Merkmalen Y und X besteht im Mittel eine lineare Abhängigkeit. Die Regressionsfunktion ist eine Gerade (Regressionsgerade). Die Parameter der ausgleichenden Regressionsgeraden $\boxed{\overline{Y}(X) = a_0 + a_1 X}$ werden nach der Methode der kleinsten Quadrate bestimmt, wobei X die unabhängige Variable und Y die abhängige Variable darstellt. Der Parameter a_0 heißt Regressionskonstante und ist im Allgemeinen nicht sachlich interpretierbar, er gibt lediglich den Schnittpunkt der Geraden mit der Y-Achse an. Der Parameter a_1 heißt Regressionskoeffizient und gibt die Richtung (Steigung der Geraden) der durchschnittlichen, linearen Abhängigkeit der Variable Y von der Variable X an.[20]

Die Methode der kleinsten Quadrate wird in der Regressionsanalyse bei der Auswahl der „besten" Geraden verwendet. „... hierbei werden zunächst die (senkrechten) Abstände der einzelnen Punkte von der Geraden bestimmt, diese Abstände werden quadriert, so dass die negativen Vorzeichen verschwinden. Anschließend wird die Summe der quadrierten Abstände berechnet, und es wird jene Gerade als „die am besten angepasste" ausgewählt, bei der die Summe der quadrierten Abstände am kleinsten ist."[21] Das wichtigste Maß zur Messung des Anteils der erklärten Streuung im Modell stellt auch hier R-Quadrat dar. Es ist zu beachten,

---

[17] Vgl. Janssen, J. / Laatz, W. (2003), S. 321.
[18] Vgl. Unger, F. / Stiehr, J.-U. (1999), S. 53.
[19] Vgl. Bellgardt, E. (2004), S. 111 ff.
[20] Vgl. Vogel, F. (1999), S. 69 ff.
[21] Brosius, F. (2002), S. 524.

dass R-Quadrat lediglich ein Maß für den linearen Zusammenhang zwischen den Variablen darstellt.[22]

Voraussetzung für die lineare Regressionsanalyse ist, dass die Variablen metrisch skaliert sind. Liegen keine Daten mit diesem Skalentyp vor, können an ihrer Stelle nominal oder ordinal skalierte Merkmale in 0/1-Variable transformiert werden. Diese Operation kann mit SPSS durchgeführt werden, daher wird an dieser Stelle nicht näher auf die Vorgehensweise eingegangen. Eine weitere Voraussetzung besteht darin, dass die Beziehungen zwischen den Variablen linear sein müssen, da die Regression diejenige Gerade ermittelt, die sich am besten den gemessenen Werten anpasst. [23]

Der theoretische Teil der Arbeit befasste sich mit der Begrifflichkeit Hotel und der Hotellandschaft in Berlin einerseits und mit den Grundlagen der deskriptiven Statistik andererseits. Der nachfolgende praktische Teil hat die Darstellung der verwendeten Datenbasis sowie die durchgeführten Analysen und deren Erläuterungen und Interpretationen zum Inhalt.

3. Praktischer Teil

3.1 Die Darstellung der Datenbasis

Dieser Hausarbeit liegt ein Auszug der Daten der Partnerhotels der Berlin Tourismus Marketing GmbH (BTM) zugrunde. Als Quelle diente der Hotelführer „Hotels in Berlin 2004" herausgegeben von der BTM. Dieser Hotelführer wurde für Berlin-Touristen erstellt und liefert eine Vielzahl an Informationen über die aufgeführten 364 Hotels. Diese Partnerhotels stehen in einem vertraglichen Verhältnis zur BTM und machten im Jahre 2004 ungefähr 65 % (364 aus 558) der gesamten Berliner Hotellerie aus. Zum heutigen Zeitpunkt liegt bereits eine aktuellere Ausgabe dieses Hotelführers vor, welche jedoch nicht als Quelle herangezogen werden konnte, da dort die Zimmerpreise nicht angegeben sind.

Die Datenbasis besteht aus 278 von diesen insgesamt 364 Hotels. Im Bereich City West wurden 86 kleine Hotels, die überwiegend nicht klassifiziert sind, nicht einbezogen, um das Verhältnis zu der Anzahl der Hotels in den anderen Bereichen ausgeglichener zu halten. Ausgehend von der Lage der Bezirke in Berlin kann man die Bezirke in die Bereiche City Ost, City West, Nord, Ost, Süd und West zusammenfassen. Diese Einteilung durch die BTM wurde als Grundlage für die Hausarbeit übernommen und wird in folgender Abbildung dargestellt.

---

[22] Vgl. Brosius, F. (2002), S. 534.
[23] Vgl. Ebenda, S. 529 f.

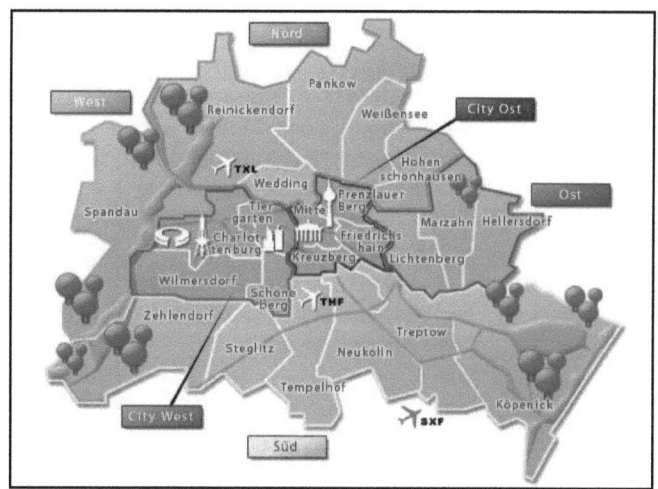

Abbildung 1: Bezirkskarte für Hotels in Berlin 2004.
Quelle: Berlin Tourismus Marketing GmbH (2004), S. 18.

Als Quantitätskriterien wurden die Anzahl der Zimmer, sowie der gemittelte Zimmerpreis für Einzel- sowie Doppelzimmer herangezogen. Diese drei Merkmale sind metrisch skaliert. Die Zimmerpreise sind gemittelt, da der Hotelführer „von … bis …" Angaben zum Inhalt hatte.

In dieser Hausarbeit wurde zur Betrachtung der Unterschiede in den Zimmerpreisen nur der Preis für Einzelzimmer zu Grunde gelegt, da die Doppelzimmerpreise im gleichen Verhältnis oberhalb der Einzelzimmerpreise liegen. Um dies zu verdeutlichen, werden im Anhang die Preise für Einzel- sowie Doppelzimmer anhand von zwei exemplarischen Liniendiagrammen gegenübergestellt (siehe Anhang Seite IX). Darüber hinaus finden sich dort zwei Boxplots für die jeweiligen Preise (zum Aufbau eines Boxplots siehe Kapitel 3.3). Diese Boxplots sind in ihrem Aufbau fast identisch, mit dem Unterschied, dass die Doppelzimmerpreis-Box nach oben verschoben ist.

Die Qualitätskriterien der Datenbasis sind in folgender Abbildung zusammengefasst:

Merkmal	Skalenniveau / Inhalt	Ausprägung
Lage des Bezirkes in Berlin	Nominal skaliert / Die Bezirke in Berlin wurden in sechs Bereiche zusammengefasst, welche als Basis dienten (siehe Abbildung Eins).	„City Ost" „City West" „Norden" „Osten" „Süden" „Westen"
Entfernung zum nächstgelegenen touristischen Anziehungspunkt in km	Ordinal skaliert / Entfernung zum Fernsehturm bzw. zur Gedächtnis-kirche. Die kleinste Entfernung wurde jeweils gewählt und anhand der Faktorstufen eingeteilt.	„nicht mehr relevant, da zu weit weg (> 2 km)" „nahe gelegen (0,6 – 2 km)" „zu Fuß erreichbar (<= 0,5 km)
Entfernung zum Messegelände	Ordinal skaliert / Gemessen wird die Entfernung vom Hotel zum ICC/Messegelände in km.	„>10 km" „5 – 10 km" „< 5km"
Entfernung zum nächstgelegenen Flughafen	Ordinal skaliert / Gemessen wird die Entfernung vom Hotel zum nächstgelegenen Flughafen in km (Schönefeld, Tegel, Tempelhof).	„>10 km" „5 – 10 km" „< 5km"

Merkmal	Skalenniveau / Inhalt	Ausprägung
Entfernung zum nächstgelegenen Regionalbahnhof	Ordinal skaliert / Gemessen wird die Entfernung vom Hotel zum nächstgelegenen Regionalbahnhof in km (Zoologischer Garten, Ostbahnhof, Lehrter Stadtbahnhof, Lichtenberg, Spandau)	„>10 km" „5 – 10 km" „< 5km"
Klassifizierung nach DEHOGA	Ordinal skaliert / Stand der Daten ist September 2003. Aufteilung nach den Sternekategorien.	„nicht klassifiziert" „Tourist *" „Standard **" „Komfort ***" „First Class****" „Luxus *****"
- Fax- und/oder Internetanschluss auf Zimmer vorhanden - Klimaanlage vorhanden - Lift vorhanden - Zimmerservice vorhanden - Hotel-Restaurant vorhanden - Innen- oder Außenpool vorhanden - Sauna vorhanden - Fitnessraum vorhanden - Parkmöglichkeit vorhanden	Nominal skaliert	„Nein" „Ja"

Abbildung 2: Qualitätsmerkmale der Datenbasis.
Quelle: Eigene Darstellung.

Problematisch war die Einordnung der günstigen Lage der Hotels in Berlin. Es gibt kein richtiges Stadtzentrum, welches als Anhaltspunkt dienen könnte. Daher wurde auf dieses Merkmal verzichtet. Die Entfernung zum nächstgelegenen touristischen Anziehungspunkt ist ein Versuch die Attraktivität des Standortes messbar zu machen. Jedoch muss auch hier eingeschoben werden, dass Berlin eine Vielzahl touristischer Highlights zu bieten hat, die nicht in der Nähe des Alexanderplatzes (Fernsehturm) oder des Kurfürstendammes (Gedächtniskirche) liegen. Da jedoch nur diese Entfernungsangaben vorlagen, werden sie stellvertretend für andere in der Nähe liegende Anziehungspunkte ausgewertet.

Die Anbindung der Hotels zum nächstgelegenen Flughafen bzw. Regionalbahnhof stellt ein weiteres Problem dar. In Berlin befinden sich drei Flughäfen sowie mehrere Regionalbahnhöfe, die verhältnismäßig einheitlich über die Stadt verteilt sind. Dieses Merkmal war schwer zu erfassen, da fast jedes Hotel in der Nähe eines Flughafens bzw. Regionalbahnhofes liegt.

Da es sich bei der Klassifizierung um eine freiwillige Teilnahme handelt, welche auch mit Kosten verbunden ist, sind 47,1 % der betrachteten Hotels bisher nicht klassifiziert. Hierzu zählen meist die kleineren Hotels mit weniger als 50 Zimmern (siehe Anhang Seite X). Hierbei ist zusätzlich zu beobachten, dass die Hotels mit höherer Kategorie mehr Zimmer aufweisen und gleichzeitig die Streuung der Zimmeranzahl zunimmt. Eine Sonderstellung nimmt die Kategorie „Tourist *" ein, da lediglich ein Hotel dieses Merkmal aufweist.

Bei der Zusammenstellung der Datenbasis wurde auf die Sanitärausstattung der Zimmer verzichtet, da diese sich nicht wesentlich in den betrachteten Hotels unterscheidet. Dies liegt unter Anderem daran, dass für alle Sternekategorien ein bestimmter Mindeststandard vorgesehen
ist (siehe Anhang Seite VI). Ferner konnte die Verkehrsanbindung mit den öffentlichen Ver-
kehrsmitteln nicht einbezogen werden, da die Versorgung in Berlin mit Bahnen und Bussen
sehr umfassend und weit reichend ist. Somit hat der Großteil der Hotels eine gute bis sehr gute Verkehrsanbindung, die nicht zur Erklärung der unterschiedlichen Zimmerpreise dienen
kann.

Nachfolgend werden die Ergebnisse aus den beiden Analysen vorgestellt und interpretiert.
Anhand von Grafiken wird die Wirkung besonders einflussreicher Merkmale genauer betrachtet.

3.2 Ergebnisse und Interpretation der mehrfaktoriellen Varianzanalyse

Als abhängige Variable wurde das metrisch skalierte Merkmal „Preis für Einzelzimmer, gemittelt in Euro" herangezogen. Drei Hotels haben keine Information über den Einzelzimmerpreis zur Verfügung gestellt, sodass die betrachtete Anzahl 275 Häuser beträgt. Der mehrfaktoriellen Varianzanalyse wurde in dieser Arbeit ein Signifikanzniveau von 0,05 zugewiesen.
Zu finden ist der Wert in nachstehender Tabelle unter dem Punkt Signifikanz.

Nach Überprüfen der Irrtumswahrscheinlichkeit für die Faktoren aus der Datenbasis haben
lediglich folgende Faktoren einen statistisch gesicherten Einfluss auf den gemittelten Preis für
Einzelzimmer: „Klassifizierung nach DEHOGA", „Entfernung zum nächstgelegenen touristischen Anziehungspunkt", „Fax- und/oder Internetanschluss auf Zimmer vorhanden", „Lage
des Bezirkes in Berlin", „Fitnessraum vorhanden", „Entfernung zum nächstgelegenen Flughafen" sowie „Zimmerservice vorhanden".

Die Voraussetzung für dieses Modell, dass die abhängige Variable metrisch skaliert ist (Zimmerpreis in Euro) wird erfüllt. Die Normalverteilung könnte anhand von Normalverteilungs-
plots überprüft werden. Diese Voraussetzung sowie die Überprüfung der Gleichheit der Varianzen in den Gruppen wurden nicht geprüft, da dies den Rahmen der Hausarbeit sprengen
würde. Nach Berechnung der mehrfaktoriellen Varianz ergibt sich folgende Tabelle, welche
im Anschluss näher erläutert wird.

Tabelle 1: ALM zur Untersuchung der Preise für Einzelzimmer.

Mehrfaktorielle Varianzanalyse				
Abhängige Variable: Preis für Einzelzimmer, gemittelt in Euro				
Quelle	Summe der Abweichungs-quadrate	df	Mittel der Quadrate	Signifikanz
Modell	853690,401[a]	17	50217,082	,000
DeHoGa Klassifizierung	167061,269	5	33412,254	,000
Entfernung zum nächstgelegenen tour. Anziehungspunkt	10380,921	2	5190,461	,013
Fax- und/oder Internetanschluss auf Zimmer vorhanden	14041,178	1	14041,178	,001
Lage des Bezirkes in Berlin	14066,760	5	2813,352	,039
Fitnessraum vorhanden	18357,376	1	18357,376	,000
Entfernung zum nächstgelegenen Flughafen	10581,008	2	5290,504	,012
Zimmerservice vorhanden	8885,332	1	8885,332	,007
Fehler	303020,041	256	1183,672	
Gesamtvariation	1156710,442	273		
(a) R-Quadrat = ,738				

Quelle: Eigene Berechnung und Darstellung.

Die Gesamtvariation von insgesamt 1.156.710 $€^2$ lässt sich in zwei Teile zerlegen: Den Teil des Modells von 853.690 $€^2$, der durch das betrachtete Modell erklärt wird und den Fehler von 303.020 $€^2$, welcher durch die betrachteten Faktoren nicht erklärt werden kann. Das Modell kann 73,8 % der Varianz (siehe R-Quadrat) der Höhe des Einzelzimmerpreises erklären.

Die erste Zeile der Tabelle zeigt, dass das Modell sehr signifikant ist, mit einem Signifikanzniveau von 0,00. Dieser Wert bezieht sich auf den getesteten Zusammenhang zwischen allen unabhängigen Variablen und dem Preis für Einzelzimmer. Diese signifikante Zahl kann jedoch keine Aussage über Rückschlüsse auf die Stärke dieses Zusammenhangs machen. Inwieweit sich das gesamte Modell erklären lässt, verrät das Maß R-Quadrat, welches unterhalb der Tabelle steht. Bei Verwendung des geschätzten Modells, um die Preise für Einzelzimmer durch die sieben unabhängigen Variablen erklären zu können, werden Werte errechnet, welche mehr oder weniger nahe am tatsächlichen Einzelzimmerpreis liegen. R-Quadrat vergleicht nun die im Modell vorhergesagten Werte mit den tatsächlich vorhandenen Werten für die Zimmerpreise. In diesem Fall können die sieben Variablen insgesamt 73,8 % der Varianz der Zimmerpreise erklären. Dies ist ein hoher Wert, da R-Quadrat maximal 1 erreichen kann, wenn die betrachteten Merkmale den Zimmerpreis vollkommen erklären könnten. Die restlichen 26,2 % bleiben im Modell unerklärt.

Nun wird der Einfluss der einzelnen Merkmale auf den Zimmerpreis betrachtet. Die einzelnen Signifikanzwerte sind so gering, dass alle sieben aufgeführten Merkmale einen signifikanten

Einfluss auf den Preis für Einzelzimmer haben. Die DEHOGA Klassifizierung weist mit 0,00 die geringste und beste Irrtumswahrscheinlichkeit auf. Die Lage in Berlin hingegen hat nur mit einer Irrtumswahrscheinlichkeit von 3,9 % einen Einfluss auf den Einzelzimmerpreis.

Nach der Prüfung, ob alle Merkmale eine genügend geringe Irrtumswahrscheinlichkeit haben, werden die Mittel der Quadrate betrachtet. Diese Spalte der Tabelle macht eine Aussage darüber, welches der betreffenden sieben Merkmale den stärksten und welches den schwächsten Einfluss auf den Einzelzimmerpreis hat. Den, mit 33.412 $€^2$ größten Teil des Modelleffektes erklärt die „DEHOGA Klassifizierung", ihm folgt „Fitnessraum vorhanden" mit 18.357 $€^2$, den drittgrößten Einfluss hat somit der Faktor „Fax- und/oder Internetanschluss auf Zimmer vorhanden" mit 14.041 $€^2$. Den kleinsten Einfluss in diesem Modell auf den Einzelzimmerpreis hat die „Lage des Bezirkes in Berlin" mit 2.813 Euro^2. Bei dieser Betrachtung muss von dem Mittel der Quadrate ausgegangen werden, da dort die Faktorstufen miteinbezogen werden. Der Freiheitsgrad „df" gibt die „Anzahl der Faktorstufen – 1" an und macht die Faktoren somit untereinander vergleichbar.

Wie zu erwarten war, hat die Sternekategorie einen starken Einfluss auf die Höhe des Preises für Einzelzimmer. Die klassifizierten Hotels können entsprechend ihrer Kategorie unterschiedliche Preise verlangen. In der betrachteten Gruppe von Hotels besteht ebenso ein großer Zusammenhang zwischen dem Preis und dem Vorhandensein eines Fitnessraumes bzw. eines Fax- und/oder Internetanschlusses auf dem Zimmer. Teurere Hotels bieten demnach öfter die genannten zusätzlichen Leistungen an als die billigeren (siehe Abbildung Drei). So verhält es sich auch mit dem Vorhandensein eines Zimmerservices. Je besser ein Hotel an die touristischen Anziehungspunkte angebunden ist, desto höher ist der Zimmerpreis. Dies könnte dadurch erklärt werden, dass im Städtetourismus die Touristen hauptsächlich zum Sightseeing anreisen und es von Vorteil ist, wenn diese in der Nähe des Hotels liegen. Im Anhang sind zu den zwei vorgenannten Merkmalen Boxplots zur Veranschaulichung dieses Zusammenhangs dargestellt (siehe Anhang Seite XI). Auf ihre Interpretation wird an dieser Stelle verzichtet, um den Rahmen der Arbeit nicht zu sprengen. Der Einfluss des letzten betrachteten Merkmals „Lage des Bezirkes in Berlin", kann anhand der nachfolgenden Grafik näher beleuchtet werden.

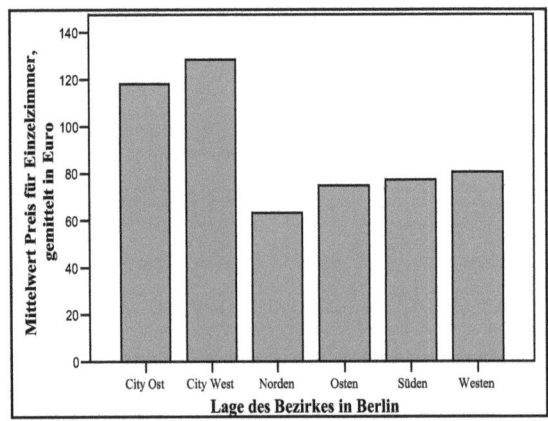

Abbildung 3: Unterschied: Zimmerpreise (Mittelwerte) nach Bezirken.
Quelle: Eigene Darstellung.

Anhand der Grafik sowie der Berechnungen im Anhang lassen sich folgende Aussagen machen (siehe Anhang Seite XII): Im Bereich „City West" liegen 100 der betrachteten Hotels, in „City Ost" 85, im Bereich „Süden" wurden 41, im Bereich „Norden" wurden 33 Hotels aufgenommen. Die kleinsten Gruppen bildeten „Westen" mit neun Häusern und „Osten" mit sieben Hotels. Die Mittelwerte der Preise können dem Diagramm auf der y-Achse entnommen werden. In der „City West" haben Hotels den höchsten mittleren Zimmerpreis (128 Euro). Im Mittel verlangen Hotels in den zwei zentralen Bereichen „City West" und „City Ost" den höchsten Zimmerpreis. Der geringste mittlere Preis wird im „Norden" erhoben (63 Euro). Zusätzlich ist die durchschnittliche Streuung der Preise um den Mittelwert interessant. Diese wird durch die Standardabweichung erklärt. So weichen Hotels in der „City Ost" durchschnittlich sehr stark vom arithmetischen Mittel ab. Die Abweichung beträgt 83 Euro. Die Hotelpreise im „Osten" streuen durchschnittlich nur um 26 Euro um den Mittelwert. Dies ist die Gruppe mit der kleinsten Streuung der Werte. Werden Minima und Maxima betrachtet, wird festgestellt, dass sich die Minimum-Preise der einzelnen Bezirke nicht sehr voneinander unterscheiden. Sie liegen zwischen 20 und 49 Euro. Die maximalen Preise sind mehr differenziert und vor allem in „City Ost" sehr hoch mit 450 Euro. Die „Lage des Bezirkes in Berlin" hat somit auch einen Einfluss auf die Höhe des Preises. Hotels in zentraler Lage verlangen einen durchschnittlich höheren Preis als andere Hotels.

Nun werden die drei einflussreichsten Variablen anhand von Boxplots genauer untersucht. Den stärksten Einfluss hatte die DEHOGA Klassifizierung, daher wird dieser Boxplot zuerst betrachtet.

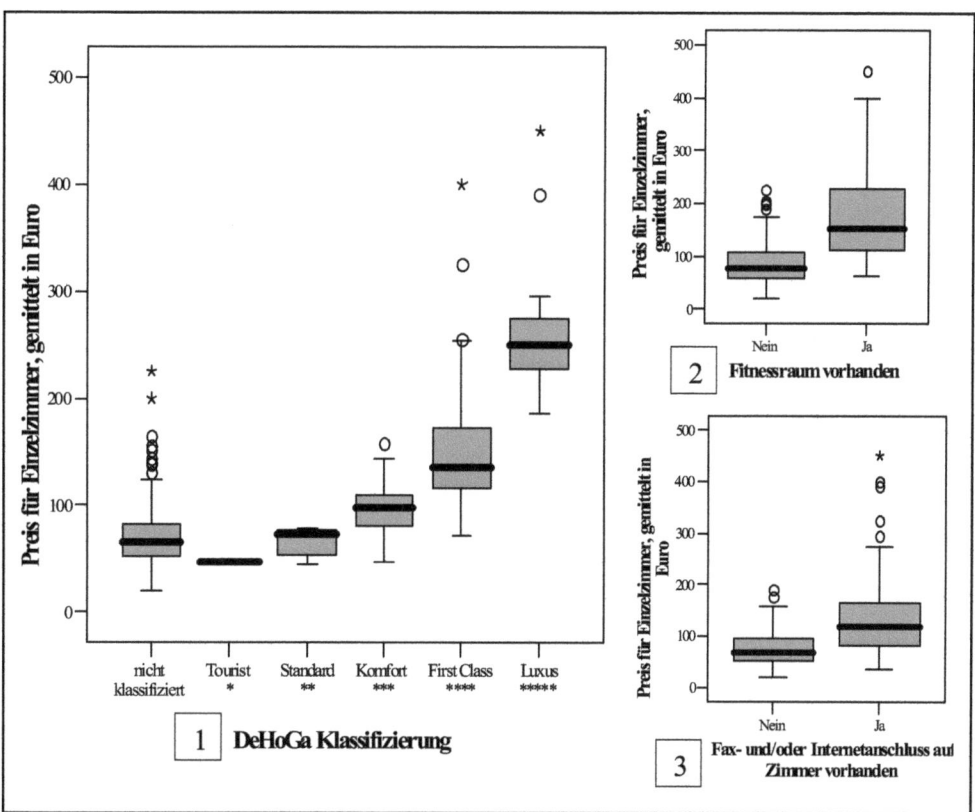

Abbildung 4: Einfluss der Variablen „DEHOGA Klassifizierung", Fitnessraum vorhanden" sowie „Fax- und/oder Internetanschlusses auf dem Zimmer vorhanden" auf den Preis für Einzelzimmer. Quelle: Eigene Darstellung.

Vorab werden Grundlagen zur Darstellung von Werten in einem Boxplot erläutert. Dies geschieht an dieser Stelle, um den direkten Bezug zu der Grafik herstellen zu können. Boxplots eignen sich gut, um die Lage und Verteilung der Werte von Variablen grafisch aufzuzeigen. Die Lage des Medians wird durch den dicken Balken in den jeweiligen Boxplots dargestellt. Dies ist ein spezieller Mittelwert, der dadurch gekennzeichnet ist, dass mindestens 50 % der Merkmalsträger Ausprägungen aufweisen, die kleiner gleich dem Median sind und demzufolge dass mindestens 50 % der Merkmalsträger Ausprägungen aufweisen, die größer gleich dem Median sind.[24] Die untere Grenze der Box beschreibt das 25 % Quartil, die obere das 75 % Quartil der Zimmerpreise. Dies bedeutet, dass innerhalb der Box die mittleren 50 % der Werte liegen. Die Querstriche ober- und unterhalb der Box geben den jeweils höchsten bzw. niedrigsten Wert an. Die Kreise bilden Ausreißer (Werte, die mehr als das 1,5-fache der Höhe der Box über- oder unterschreiten) und die Sterne kennzeichnen Extremwerte. Dies sind Werte, die mehr als das 3-fache über oder unter dem 75 % bzw. 25 % Quartil liegen.[25] Bezogen auf die Boxplots der Klassifizierung ist zunächst eindeutig ersichtlich, dass klassifizierte Hotels mit steigender Anzahl von Sternen höhere Preise für Einzelzimmer aufweisen.

---

[24] Vgl. Vogel, F. (1999), S. 29.
[25] Vgl. Brosius, F. (2002), S. 375 f.

Die nicht klassifizierten Häuser liegen ungefähr im gleichen Preisniveau wie die Standard-Hotels. Sowohl die Mediane als auch die gesamten Boxen der einzelnen Kategorien (ausgenommen die nicht klassifizierten) überlappen sich nicht im Vergleich zur nächst höheren Kategorie. Das heißt, dass sich die mittleren 50 % der Werte der einzelnen Kategorien unterscheiden und im Preisniveau zunehmen. Die Kategorie „Tourist *" hat nur einen Median eingezeichnet, da dort nur ein Hotel zur Verfügung stand. Bei den Standard-Hotels fällt auf, dass der Median sehr nahe an dem 75 % Quartil sowie dem Maximum liegt. Dies bedeutet, dass die mittleren 50 % der Werte gering streuen und die unteren 50 % der Werte von wenigen Werten überschritten werden. Die First-Class-Hotels bilden die Kategorie mit der größten Streuung. Die einzelnen Werte innerhalb des Boxplots weichen stark vom Median ab (ca. 105 – 160 Euro), wobei die Obergrenze für die unteren 50 % bei einem niedrigeren Preisniveau (ca. 150 Euro) liegt. Der niedrigste beobachtete Wert liegt bei ca. 70 Euro und der höchste bei 250 Euro. Drei Hotels liegen nicht mehr innerhalb der 1,5-fachen bzw. 3-fachen Abweichung der Box. Diese sind eingezeichnet als zwei Ausreißer und ein Extremwert, welcher 400 Euro erreicht. Zu beobachten ist, dass die Luxus-Hotels insgesamt sehr viel höhere Preise haben als alle anderen Gruppen und der niedrigste Wert noch höher liegt als die Obergrenze der 75 % der unteren Werte in der Kategorie First-Class. Die nicht klassifizierten Hotels zeichnen sich durch geringe Preise im Vergleich zu den klassifizierten aus und weisen einige Ausreißer sowie zwei Extremwerte auf, die oberhalb des Boxplots liegen. Die Obergrenze für die unteren 50 % der Werte beträgt ca. 65 Euro und liegt nur gering unter dem Median der Standard-Hotels.

Den zweitstärksten Einfluss hatte das Merkmal „Fitnessraum vorhanden". Hier gab es die Faktorstufen „Ja" und „Nein". Von den insgesamt 275 untersuchten Hotels hatten 210 keinen Fitnessraum und 65 Hotels hatten einen. Auf den ersten Blick ist zu erkennen, dass Hotels mit Fitnessraum in der Regel einen höheren Preis für das Einzelzimmer verlangt haben. In der kleineren Gruppe von 65 Hotels liegt eine größere Streuung um den Median vor, d.h. die Preise unterscheiden sich hier mehr voneinander als bei Hotels ohne Fitnessraum. Mindestens 50 % der Hotels mit Fitnessraum verlangten einen Preis von ca. 180 Euro, während Hotels ohne diesen nur ca. 85 Euro fordern. Zu erwähnen wäre noch, dass die Ausreißer bei Hotels ohne Fitnessmöglichkeit ungefähr einen so hohen Preis aufweisen (220 Euro) wie die Obergrenze der unteren 75 % der Werte für Hotels mit Fitnessraum. Die letztgenannten haben Preise bis zu 400 Euro und es gibt einen Ausreißer mit durchschnittlich 450 Euro als Preis für ein Einzelzimmer. Aus der Betrachtung beider Grafiken lässt sich schließen, dass in der betrachteten Datenbasis hauptsächlich Hotels der Kategorie Luxus einen Fitnessraum anbieten, da diese zum Großteil Preise von über 200 Euro verlangen und die Ausreißer der Hotels ohne Fitness-raum schon bei 200 Euro liegen. Zusätzlich gibt es nur einige First-Class-Hotels mit Preisen von mehr als 200 Euro für ein Einzelzimmer.

Das Merkmal „Fax- und/oder Internetanschluss" hat ebenso die Faktorstufen „Ja" und „Nein". Hier unterscheiden sich die Preise in den beiden Gruppen nicht so stark voneinander, es ist jedoch eindeutig erkennbar, dass Hotels mit diesem Service grundsätzlich teurer sind. Die Boxen mit den mittleren 50 % der Werte überschneiden sich im Bereich von 80 bis knapp 100 Euro. Eindeutig liegen jedoch die unteren 50 % der Hotels ohne Fax- und/oder Internet (75 Euro) unter dem Median der Hotels mit diesem Angebot (137 Euro). Die Streuung innerhalb der Hotels ohne das Angebot ist sehr gering, auch gibt es wenige Ausreißer, die höchstens 190 Euro erreichen. Der niedrigste gemessene Wert bei Hotels mit Fax- und/oder Internet (36 Euro) liegt ebenso höher im Vergleich zu Hotels ohne die Leistung (20 Euro) wie der maximale Preis. Dieser erreicht in der Gruppe der Hotels mit Fax- und/oder Internet ca. 280 Euro, während ein Extremwert bis 450 Euro hoch liegt.

3.3 Ergebnisse und Interpretation der linearen Regressionsanalyse

Als abhängige Variable wurde auch hier der „Preis für Einzelzimmer, gemittelt in Euro" herangezogen und es stehen Daten von 275 Hotels zur Verfügung. Wie in der Varianzanalyse wurde ein Signifikanzniveau von 0,05 festgelegt. Die unabhängigen Variablen, welche nach der Überprüfung der Signifikanz, einen statistisch gesicherten Einfluss auf das Modell haben, sind: „Anzahl der Zimmer", „Fax- und/oder Internetanschluss auf Zimmer vorhanden", „Lift vorhanden", „Zimmerservice vorhanden", „Fitnessraum vorhanden", die Kategorien „First Class" sowie „Luxus" und die beiden Bezirke „City Ost" und „City West". Bis auf das Merkmal „Anzahl der Zimmer", welches metrisch skaliert ist, handelt es sich ausschließlich um 0/1-Variablen. Die Voraussetzung an die Skalierung der Variablen ist damit erfüllt. Auf eine Prüfung zur Feststellung des linearen Zusammenhanges der Variablen wurde an dieser Stelle verzichtet. Nach Berechnung der linearen Regression ergeben sich mehrere Tabellen, von denen nachfolgend zwei interpretiert werden.

Zunächst lässt sich beobachten, dass nicht alle Variablen aus der Varianzanalyse signifikant genug für die Regressionsanalyse sind und an Stelle dieser andere Merkmale einen Einfluss auf den Preis für Einzelzimmer aufweisen. Die zuvor nicht betrachteten Merkmale sind „Lift vorhanden" und die „Anzahl der Zimmer". Von den Kategorien bzw. den Bezirken verbleiben jeweils zwei signifikante Merkmale, diese sind „First Class" und „Luxus" bzw. „City Ost" und „City West".

Tabelle 2: Koeffizienten der linearen Regressionsanalyse.

Koeffizienten(a)			
Einflussvariablen	Nicht standardisierte Koeffizienten	Standardisierte Koeffizienten	Signifikanz
	B	Beta	
(Konstante)	35,132		,000
Anzahl der Zimmer	,074	,156	,000
Fax- und/oder Internetanschluss auf Zimmer vorhanden	16,893	,130	,000
Lift vorhanden	16,214	,107	,003
Zimmerservice vorhanden	14,840	,114	,002
Fitnessraum vorhanden	17,266	,113	,013
FirstClass	32,303	,209	,000
Luxus	118,213	,437	,000
CityOST	27,437	,195	,000
CityWEST	24,609	,182	,000
a Abhängige Variable: Preis für Einzelzimmer, gemittelt in Euro R-Quadrat = ,735			

Quelle: Eigene Berechnung und Darstellung.

Die Koeffizienten unterteilen sich in nicht standardisierte und standardisierte Koeffizienten.

Die Spalte „B" zeigt die nicht standardisierten Regressionskoeffizienten für die einzelnen Variablen. Diese geben an, in welchem Maß sich der Zimmerpreis verändert, wenn sich jeweils eine der unabhängigen Variablen um eine Einheit vergrößert, während alle übrigen konstant bleiben.[26] In der Spalte „Beta" stehen die standardisierten Koeffizienten, diese Werte ermöglichen den Vergleich des Einflusses verschiedener Variablen auf den Zimmerpreis. „Beta-Koeffizienten sind die Regressionskoeffizienten, die sich ergeben würden, wenn vor der Anwendung der Regressionsanalyse alle Variablen standardisiert worden wären. ... Mit der Standardisierung werden die Abweichungen der Messwerte der Variablen von ihrem Mittelwert in Standardabweichungen ausgedrückt. Sie sind dann dimensionslos. Der Mittelwert einer standardisierten Variable beträgt 0 und die Standardabweichung 1."[27] Sie sind demnach von der Dimension des Preises für Einzelzimmer unabhängig und daher miteinander vergleichbar.

Anhand der oben dargelegten Daten lassen sich folgende Schlussfolgerungen ziehen: Alle betrachteten Variablen weisen ein niedrigeres Signifikanzniveau als 0,05 auf und ihr Einfluss auf die Höhe des Einzelzimmerpreises ist damit statistisch gesichert. Bei der Betrachtung von Beta wird deutlich, dass die Kategorie „Luxus" den stärksten Einfluss auf die Veränderung

---

[26] Vgl. Janssen, J. / Laatz, W. (2003), S. 390.
[27] Ebenda, S. 390.

des Zimmerpreises hat. Die Kategorie „First-Class" sowie die Lage „City Ost" leisten beide auch einen großen Beitrag zur Erklärung des Modells. Den geringsten Einfluss hat somit das Merkmal „Lift vorhanden". Alle Regressionskoeffizienten haben das erwartete, positive Vorzeichen. Wenn sich ein Merkmal um eine Einheit verändert, verändert sich der Einzelzimmerpreis demzufolge in dieselbe Richtung. Der Regressionskoeffizient der Zimmeranzahl (0,074) bedeutet, dass der Einzelzimmerpreis um 7,4 Cent steigt, wenn die Zimmeranzahl um ein Zimmer erhöht wird. Bei der Betrachtung der übrigen Regressionskoeffizienten muss etwas anders interpretiert werden, da diese als 0/1-Variablen in die Analyse eingegangen sind. Bei diesen Merkmalen bedeutet ein Anstieg, dass sie von 0 auf 1 steigen, was inhaltlich einem Wechsel vom Nichtvorhandensein des Merkmals zum Vorhandensein des Merkmals entspricht. Hotels, die einen Fax- und/oder Internetanschluss auf dem Zimmer anbieten, vermieten die Zimmer um 17 Euro teurer als Hotels, die diesen Service nicht bieten. Ebenso verhält es sich mit den Zimmerpreisen von Hotels, die einen Fitnessraum zur Verfügung stellen. Bieten Hotels eine solche Leistung an, steigt der Zimmerpreis um 17 Euro im Vergleich zu Hotels ohne Fitnessraum. Etwas anders wird bei der Kategorie sowie der Lage des Bezirkes argumentiert. Bei der Berechnung der 0/1-Variablen wurden bei der Kategorie die nicht klassifizierten Häuser weggelassen. Somit bedeutet der Wert des Regressionskoeffizienten 118,21 in der Kategorie Luxus folgendes: Ist ein Hotel in der Kategorie Luxus klassifiziert, so hat es einen 118 Euro teureren Preis als nicht klassifizierte Hotels. Dieses Merkmal hat mit Abstand den größten Anstieg des Preises zur Folge. Bei der Kategorie First-Class verhält es sich ähnlich, jedoch erhöht sich der Zimmerpreis lediglich um 32 Euro. Der, bei der Erstellung der 0/1-Variablen, nicht aufgenommene Bezirk ist der Osten. Das bedeutet, dass die Zimmerpreise in „City Ost" um 27 Euro teurer und in „City West" um 25 Euro teurer sind als im „Osten". Das Bestimmtheitsmaß R-Quadrat gibt die gesamte, durch die unabhängigen Variablen erklärte, Varianz der Preise für Einzelzimmer an. Wie bereits in Kapitel 2.2.2 erläutert liegt R-Quadrat zwischen 0 und 1. Die neun Variablen in diesem Modell erklären folglich 73,5 % der Varianz der Einzelzimmerpreise der betrachteten Hotels in Berlin. Dieser Wert ist sehr ähnlich dem errechneten R-Quadrat aus der Varianzanalyse (73,8 %). Je größer R-Quadrat ist, desto besser ist die Anpassung der Regressionsgeraden an die beobachteten Werte. Dies gilt allerdings nur bei linearem Zusammenhang zwischen den Variablen.

Um herauszufinden, ob mit der Regressionsanalyse das passende Modell gewählt wurde, um die Zimmerpreise in den Hotels durch die betrachteten Merkmale zu erklären und ob wirklich ein Zusammenhang zwischen den Variablen besteht, wird die Signifikanz der einfaktoriellen Varianzanalyse betrachtet.

Tabelle 3: Zerlegung der Varianz.

ANOVA(b)				
	Quadratsumme	df	Mittel der Quadrate	Signifikanz
Regression	856333,368	9	95148,152	,000(a)
Residuen	309090,254	265	1166,378	
Gesamt	1165423,622	274		
a Einflussvariablen : s. o.				
b Abhängige Variable: Preis für Einzelzimmer, gemittelt in Euro				

Quelle: Eigene Berechnung und Darstellung.

Die Signifikanz beträgt in dieser Tabelle 0,00. Das belegt, dass die Regressionsanalyse ein geeignetes Modell darstellt bzw. tatsächlich ein Zusammenhang zwischen den betrachteten Merkmalen besteht. Die Gesamtvariation der Preise für Einzelzimmer wird hier zerlegt in die, durch das Modell erklärte, Variation (Regression) und die, nicht durch das Modell erklärte, Variation (Residuen). Der Teil, der das Modell erklären kann beträgt 856.333 Euro^2 und der kleinere Teil von 309.090 Euro^2 bleibt im Modell unerklärt. Durch die Division dieser Werte durch den Freiheitsgrad aus der Spalte „df" können die Mittel der Quadrate direkt miteinander verglichen werden. Setzt man die Quadratsumme der Regression (der im Modell erklärten Streuung) ins Verhältnis zu der Quadratsumme der Residuen (der im Modell nicht erklärten Streuung) so erhält man den Wert für R-Quadrat, welcher bereits erläutert wurde.

Anhand der nicht standardisierten vorhergesagten Werte, der nicht standardisierten und der standardisierten Residuen kann zusätzlich eine fallweise Diagnose für einzelne Hotels durchgeführt werden. Diese Daten finden sich nach Durchführung der Regressionsanalyse in der Datenbasis für jedes Hotel wieder und können miteinander verglichen werden. Ein Hotel fällt dabei besonders auf, denn hier liegt der höchste Wert für die standardisierten Residuen vor (6,10). Es handelt sich hierbei um das Radisson SAS Hotel Berlin. Der durch das Modell vorhergesagte Wert lag bei 191,50 Euro (nicht standardisierter vorhergesagter Wert). Der tatsächlich aufgetretene Preis lag um 208,50 Euro höher als der durch das Modell errechnete Wert für die Einzelzimmerpreise. Dies kann auf ein Merkmal zurückzuführen sein, welches das Hotel von der Konkurrenz unterscheidet, jedoch nicht in diesem Modell untersucht wurde. Zunächst werden die Merkmale die, aufgrund der Ergebnisse der Analysen, einen Einfluss auf den Zimmerpreis haben genauer betrachtet. Das Radisson SAS Hotel Berlin ist ein First-Class-Hotel, welches sehr zentral in der City Ost liegt und 2004 eröffnet wurde. Der Fernsehturm ist zu Fuß erreichbar. Die 427 Zimmer sind mit Fax- und Internetanschluss ausgestattet und es wird ein Zimmerservice angeboten. Das Hotel verfügt über einen Lift sowie einen Fitnessraum. Der Flughafen Berlin Tempelhof ist 6 km entfernt. Zusammenfassend kann festgestellt werden, dass das Hotel alle relevanten Merkmale aufweist, welche zu einer Erhöhung des Zimmerpreises führen. Zusätzlich bietet das Radisson SAS einen spektakulären Mehrwert: Über die ganze Höhe des Atriums erstreckt sich im Inneren des Hotels das weltweit größte zylindrische Aquarium, welches mit einer Million Liter Salzwasser gefüllt ist und ca. 2.500 tropische Fische beherbergt. Da das Hotel direkt an der Spree und nahe dem Berliner Dom liegt, hat der Gast entweder einen Ausblick auf den Dom oder auf das Aquarium. Das Hotel bietet nicht nur einen Fitnessraum, sondern ein umfangreiches Wellnessangebot auf ca. 450 m^2. Der Internetanschluss ist über eine Funkverbindung (W-LAN) im gesamten Hotel verfügbar.[28] Die Preis erhöhenden Merkmale sind in diesem Hotel besonders gut ausgeprägt und können in Zusammenhang mit der Attraktion die hohe Abweichung erklären.

4. Schlussbetrachtung

Die verwendeten Modelle der deskriptiven Statistik waren durchaus geeignet, die Unterschiede in den Zimmerpreisen durch die betrachteten Einflussgrößen zu erklären. Die Varianz- und die Regressionsanalyse können allerdings nicht alle Unterschiede erläutern, wie das Beispiel des Radisson SAS Hotel Berlin zeigt. Merkmale, die nicht einbezogen wurden oder die nicht erfasst werden können, beeinflussen den Zimmerpreis ebenso. Dennoch haben die Modelle mit einem Wert für R-Quadrat von jeweils ca. 73 % einen Großteil der Varianz des Einzelzimmerpreises erklären können.

Die zu Beginn aufgeworfene Frage, welche Merkmale eines Hotels es dazu berechtigen, einen höheren Preis als das Nachbarhotel zu verlangen, kann beantwortet werden. Es ist zu beachten, dass sich diese Aussagen nur auf die untersuchten Hotels und die betrachteten Quantitätssowie Qualitätsmerkmale beschränkt. Diese Hotels stellen ein reelles Abbild der Hotellandschaft in Berlin dar. Die Verteilung der angebotenen Betten in den Beherbergungsstätten Berlins ist vergleichbar mit der Verteilung der untersuchten Hotels (siehe Anhang Seiten VIII und XII). Laut DEHOGA sind 40 % der Berliner Hotels klassifiziert und 53 % der betrachteten Hotels. Die durchschnittlichen Zimmerpreise liegen laut Hotel Benchmark Survey 2003 in Berlin bei 98 Euro, der hier errechnete Preis liegt bei 107 Euro für das Einzelzimmer.

Besonderes Augenmerk gilt der Sternekategorie, welche in beiden Analysen den stärksten Einfluss auf den Preis hatte. Die den Kategorien zu Grunde liegenden Mindeststandards rechtfertigen einen jeweils höheren Zimmerpreis. Einen ebenfalls großen Einfluss auf die Höhe des

---

[28] Vgl. Radisson SAS (2005), www.radissonsas.com/servlet/ContentServer?pagename=seo/RadissonSAS/hotel &origin=Rates+And+Availability&backURI=%2Freservation%2FrateSearch.do&hotelCode=berzau&useSeo =false&language=de.

Zimmerpreises haben die Merkmale „Fax- und/oder Internetanschlusses auf dem Zimmer vorhanden" sowie „Fitnessraum vorhanden". Diese beiden Merkmale hängen nicht von der DEHOGA Klassifizierung ab und beschreiben somit keine vorgeschriebenen Mindeststandards. Sie stellen ein Unterscheidungsmerkmal dar, welches die Hotels positiv von der Konkurrenz abgrenzt. Es handelt sich um Zusatzleistungen, welche hauptsächlich in Hotels mit höheren Preisen zu finden sind.

Die durchschnittliche Aufenthaltsdauer in Berlin betrug 2004 2,2 Tage (siehe Anhang Seite VIII). Das könnte die Konzentration der Hotels auf die innerstädtischen Bezirke erklären. Die Städte-Touristen besuchen Berlin nicht vorrangig zur Erholung, sondern um die touristischen Highlights zu erleben und möchten diese, wenn möglich, zu Fuß erreichen können. Dies ist eine mögliche Erklärung für die Merkmale „Lage des Bezirkes in Berlin" und „Entfernung zum nächstgelegenen touristischen Anziehungspunkt". Diese Variablen hatten in den durchgeführten Analysen einen ebenso Preis erhöhenden Effekt wie die zuvor genannten. Zusammenfassend kann gesagt werden, dass die untersuchten Variablen die Unterschiede in den Zimmerpreisen zu einem großen Teil erklären können.

Literaturverzeichnis

- **Bellgardt, Egon (2004):**
  "Statistik mit SPSS – Ausgewählte Verfahren für Wirtschaftswissenschaftler", 2., vollständig überarbeitete Auflage, München 2004.

- **Berlin Tourismus Marketing GmbH (2004):**
  "Hotels in Berlin 2004", hrsg. von Berlin Tourismus Marketing GmbH, Berlin 2004.

- **Brosius, Felix (2002):**
  „SPSS 11", 1. Auflage, Bonn 2002.

- **Janssen, Jürgen / Laatz, Wilfried (2003):**
  „Statistische Datenanalyse mit SPSS für Windows: eine anwendungsorientierte Einführung in das Basissystem und das Modul exakte Tests", 4., neubearbeitete und erweiterte Auflage, Berlin et al. 2003.

- **Kähler, Wolf-Michael (2004):**
  "Statistische Datenanalyse – Verfahren verstehen und mit SPSS gekonnt einsetzen", 3., völlig neubearbeitete Auflage, Wiesbaden 2004.

- **Unger, Fritz / Stiehr, Jens-Uwe (1999):**
  "Statistik - Intensivtraining", hrsg. von Volker Drosse / Ulrich Vossebein, Wiesbaden 1999.

- **Vogel, Friedrich (1999):**
  „Beschreibende und schließende Statistik – Formeln, Definitionen, Erläuterungen, Stichwörter und Tabellen", 11., erg. Auflage, München, Wien 1999.

Internetverzeichnis

- **Berlin Tourismus Marketing GmbH (2005):**
  "Übersicht: Vergleich Preise Hotellerie Berlin - Europa", http://www.meet-in-berlin.de/, über Links: "Kongress -und Tagungsplanung" "Hotels", Abruf am 22.11.2005.

- **DEHOGA (2005 a):**
  "Die Sternekategorien der Deutschen Hotelklassifizierung", http://www.hotelsterne.de/, über Link: "Sterne deuten", Abruf am 22.11.2005.

- **DEHOGA (2005 b):**
  "Ergebnisse der Deutschen Hotelklassifizierung nach Ländern", http://www.hotelsterne.de/ über Link: "Sterne zählen", Abruf am: 22.11.2005.

- **DEHOGA (2005 c):**
  "Definition Hotel", http://www.dehoga-berlin.de/home/betriebsarten_952_924.html, Abruf am 23.11.2005.

- **Radisson SAS (2005):**
  "Radisson SAS Hotel Berlin", www.radissonsas.com/servlet/ContentServer?pagename=seo/RadissonSAS/hotel&origin=Rates+And+Availability&backURI=%2Freservation%2FrateSearch.do&hotelCode=berzau&useSeo=false&language=de, Abruf am 3.12.2005.

- **Statistisches Landesamt Berlin (2005):**
  "Beherbergungsstätten sowie Gäste, Übernachtungen und Aufenthaltsdauer in Berlin 2004 nach Bezirken", http://www.statistik-berlin.de/framesets/aktuell.htm,
  über Links: „aktuell" „Die kleine Berlin-Statistik 2005" „Handel, Gastgewerbe, Tourismus", Abruf am 22.11.2005.

Anhang

Die Sternekategorien der Deutschen Hotelklassifizierung
Auszug aus dem Kriterienkatalog der Deutschen Hotelklassifizierung

TOURIST * **Unterkunft für einfache Ansprüche**	STANDARD ** **Unterkunft für mittlere Ansprüche**
Einzelzimmer 8 qm, Doppelzimmer 12 qm	Einzelzimmer 12 qm, Doppelzimmer 16 qm
Alle Zimmer mit Dusche/WC oder Bad/WC	Frühstücksbuffet
Alle Zimmer mit Farb-TV samt Fernbedienung	Sitzgelegenheit pro Bett
Tägliche Zimmerreinigung	Nachttischlampe oder Leselicht am Bett
Empfangsdienst	Badetücher
Telefax am Empfang	Wäschefächer
Dem Hotelgast zugängliches Telefon	Angebot von Hygieneartikel (Zahnbürste, Zahncreme, Einmal- Rasierer etc.)
Restaurant	Kartenzahlung möglich
Erweitertes Frühstücksangebot	
Ausgewiesener Nichtraucherbereich im Frühstücksraum	
Getränkeangebot im Betrieb	
Depotmöglichkeit	

KOMFORT *** **Unterkunft für gehobene Ansprüche**	FIRST CLASS **** **Unterkunft für hohe Ansprüche**
Einzelzimmer 14 qm, Doppelzimmer 18 qm	Einzelzimmer 16 qm, Doppelzimmer 22 qm
10% Nichtraucherzimmer	18 Stunden besetzte separate Rezeption, 24 h erreichbar
14 Stunden besetzte separate Rezeption, 24 h erreichbar	Lobby mit Sitzgelegenheiten und Getränkeservice, Hotelbar
Zweisprachige Mitarbeiter, Sitzgruppe am Empfang, Gepäckservice	Frühstücksbuffet mit Roomservice
Getränkeangebot auf dem Zimmer	Minibar oder 24 h Getränke im Roomservice
Telefon auf dem Zimmer, Internetzugang	Sessel/ Couch mit Beistelltisch
Heizmöglichkeit im Bad, Haartrockner, Papiergesichtstücher	Bademantel, Hausschuhe
Ankleidespiegel, Kofferablage, Safe	Kosmetikartikel (z.B. Duschhaube, Nagelfeile, Wattestäbchen), Kosmetikspiegel, großzügige Ablagefläche im Bad
Nähzeug, Schuhputzutensilien, Waschen und Bügeln der Gästewäsche	Internet-PC / Internet-Terminal
Zusatzkissen und -decke auf Wunsch	Á la carte-Restaurant
Systematischer Umgang mit Gästebeschwerden	Systematische Gästebefragungen

LUXUS ***** **Unterkunft für höchste Ansprüche**
Einzelzimmer 18 qm, Doppelzimmer 26 qm, Suiten
24 h besetzte Rezeption mit Concierge, mehrsprachige Mitarbeiter
Doorman- oder Wagenmeisterservice
Empfangshalle mit Sitzgelegenheiten und Getränkeservice
Personalisierte Begrüßung mit frischen Blumen oder Präsent auf dem Zimmer
Minibar und 24 h Speisen und Getränke im Roomservice
Körperpflegeartikel in Einzelflacons
Internet-PC auf dem Zimmer und qualifizierter IT-Supportservice
Kopfkissenauswahl, zentrale Bedienbarkeit der Zimmerbeleuchtung vom Bett, Safe im Zimmer
Bügelservice (innerhalb einer Stunde), Schuhputzservice
Abendlicher Turndownservice

Die Sterne behalten maximal drei Jahre ihre Gültigkeit.

Quelle: DEHOGA (2005 a), http://www.hotelsterne.de/,
über Link: "Sterne deuten".

Ergebnisse der Deutschen Hotelklassifizierung nach Ländern

Land	1 Stern	2 Sterne	3 Sterne	4 Sterne	5 Sterne	Gesamt
Baden-Württemberg	7	139	784	242	19	**1.191**
Bayern	21	290	1.136	421	28	**1.896**
Berlin	4	22	95	82	15	**218**
Brandenburg	5	23	84	55	3	**170**
Bremen	1	12	27	18	1	**59**
Hamburg	4	20	46	29	9	**108**
Hessen	6	57	277	110	11	**461**
Mecklenburg-Vorpommern	0	13	111	113	6	**243**
Niedersachsen	9	126	468	189	9	**801**
Nordrhein-Westfalen	36	127	547	284	14	**1.008**
Rheinland-Pfalz	9	103	353	114	5	**584**
Saarland	0	4	16	10	0	**30**
Sachsen	5	49	190	90	6	**340**
Sachsen-Anhalt	1	7	152	76	2	**238**
Schleswig-Holstein	6	34	187	74	6	**307**
Thüringen	2	19	142	71	4	**238**
Summe	**116**	**1.045**	**4.615**	**1.978**	**138**	**7.892**
Relative Häufigkeit	1,5%	13,2%	58,5%	25,1%	1,7%	

(Ergebnisse vom 1.7.2005)

Quelle: DEHOGA (2005 b), http://www.hotelsterne.de/,
über Link: "Sterne zählen".

Übersicht: Vergleich Preise Hotellerie Berlin - Europa
Durchschnittliche Zimmerpreise in €

5- und 4- Sterne Hotellerie		Hotellerie gesamt	
London	300,-	Paris	183,-
Mailand	228,-	Rom	174,-
Paris	212,-	London	173,-
Rom	201,-	Amsterdam	143,-
Barcelona	191,-	München	111,-
Amsterdam	159,-	Prag	109,-
Madrid	156,-	Frankfurt	102,-
Berlin	**130,-**	Wien	101,-
Frankfurt	128,-	**Berlin**	**98,-**
Quelle: Jones Lang LaSalle Hotels 2004		Quelle: Deloitte & Touche Hotel Benchmark Survey 2003	

Quelle: Berlin Tourismus Marketing GmbH (2005), http://www.meet-in-berlin.de/,
über Links: "Kongress -und Tagungsplanung" "Hotels".

Angebotene Betten in den Beherbergungsstätten Berlins

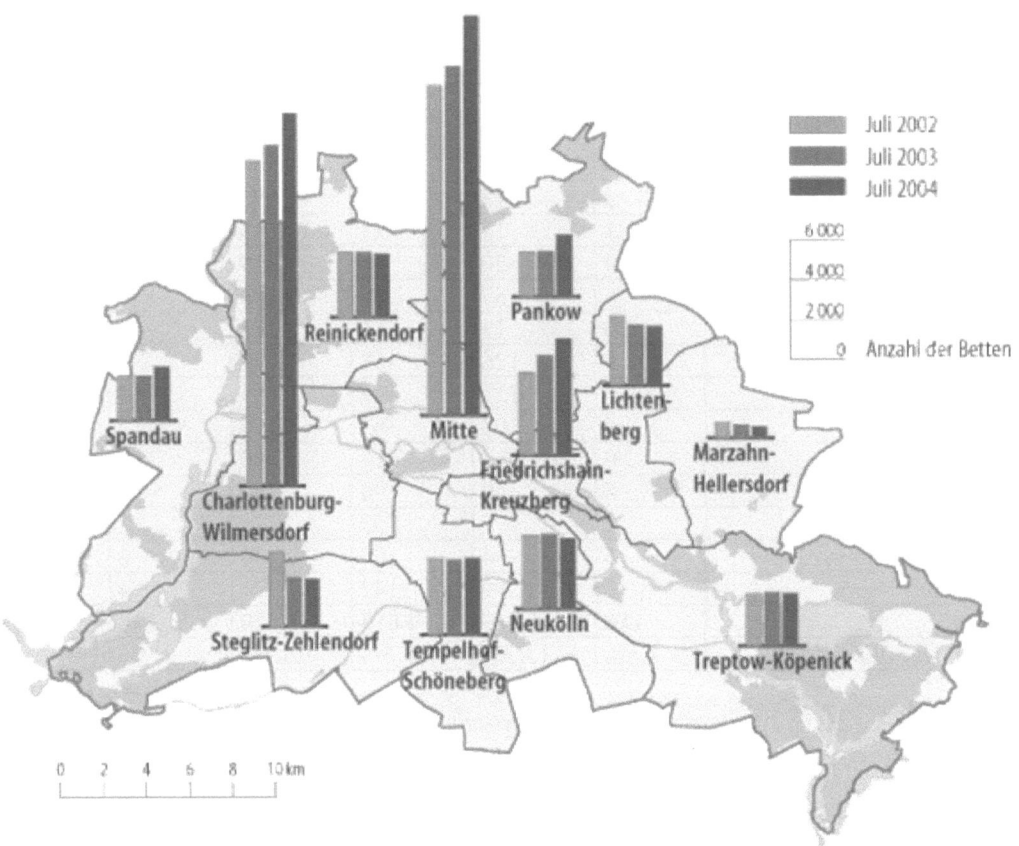

Beherbergungsstätten[1] sowie Gäste, Übernachtungen und Aufenthaltsdauer in Berlin 2004 nach Bezirken					
Bezirk	Betriebe[2]	Betten[2]	Gäste	Übernachtungen	Durchschnittliche Aufenthaltsdauer
	Anzahl				Tage
Mitte	98	21 789	1 997 829	4 257 300	2,1
Friedrichshain-Kreuzberg	39	5 816	517 282	1 144 053	2,2
Pankow	27	3 362	254 390	583 700	2,3
Charlottenburg-Wilmersdorf	191	20 852	1 532 193	3 644 576	2,4
Spandau	20	2 394	161 398	391 567	2,4
Steglitz-Zehlendorf	41	2 618	142 660	370 116	2,6
Tempelhof-Schöneberg	37	4 176	395 605	830 290	2,1
Neukölln	19	3 832	264 082	560 405	2,1
Treptow-Köpenick	25	2 869	176 015	382 478	2,2
Marzahn-Hellersdorf	15	609	38 618	75 463	2,0
Lichtenberg	13	3 243	207 419	500 344	2,4
Reinickendorf	33	3 449	236 302	520 101	2,2
Berlin	**558**	**75 009**	**5 923 793**	**13 260 393**	**2,2**

1) mit 9 und mehr Betten sowie Campingplätze
2) Stand Juli 2004, ohne Campingplätze

Quelle: Statistisches Landesamt Berlin (2005), http://www.statistik-berlin.de/framesets/
aktuell.htm, über Links: „aktuell" „Die kleine Berlin-Statistik 2005"
„Handel, Gastgewerbe, Tourismus".

Vergleich: Einzelzimmerpreise / Doppelzimmerpreise

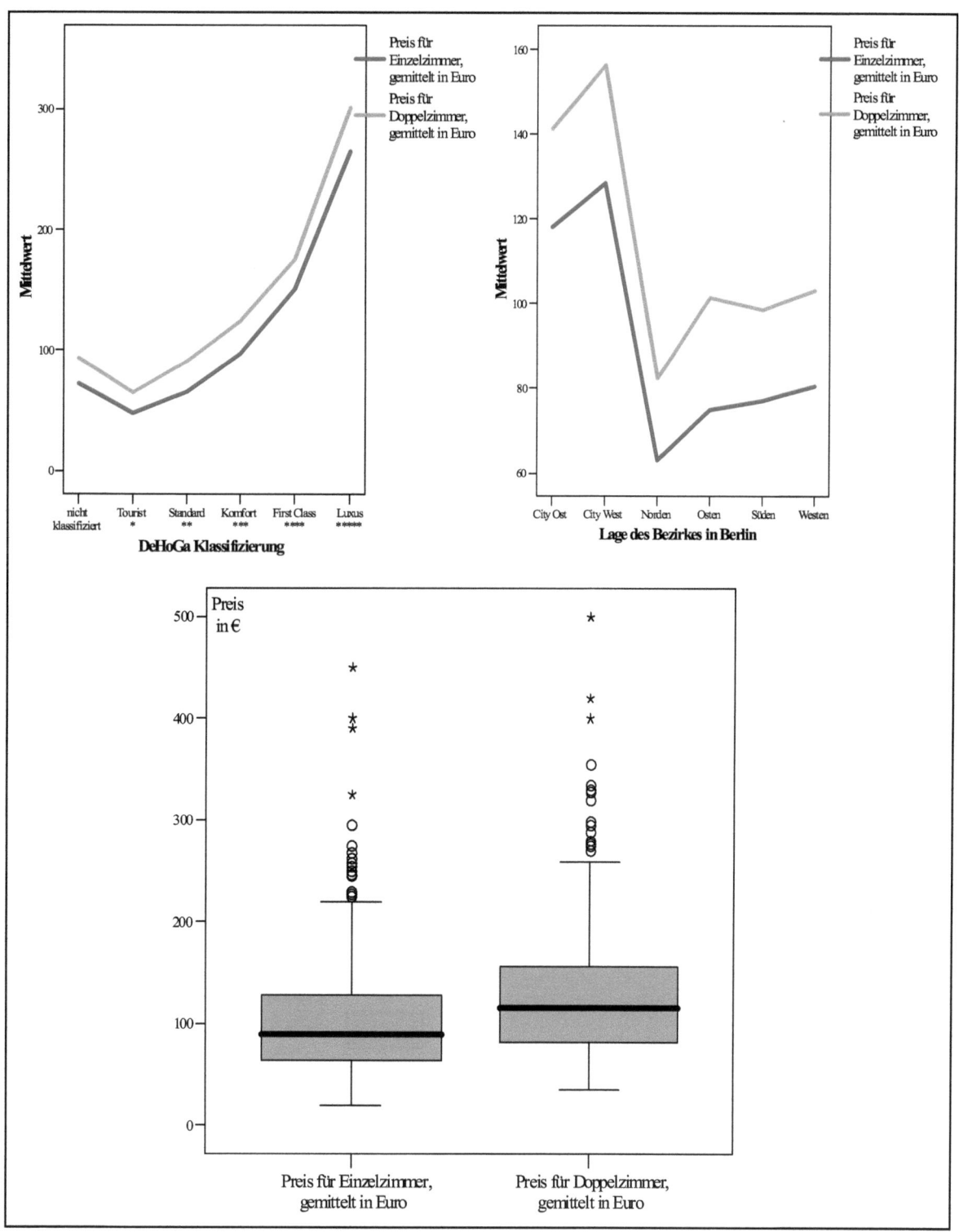

Quelle: Eigene Darstellung.

Boxplot: DEHOGA Klassifizierung nach Anzahl der Zimmer

Verarbeitete Fälle

	DeHoGa Klassifizie-rung	Anzahl
Anzahl der Zimmer	nicht klassifiziert	131
	Tourist *	1
	Standard **	11
	Komfort ***	55
	First Class ****	63
	Luxus *****	17

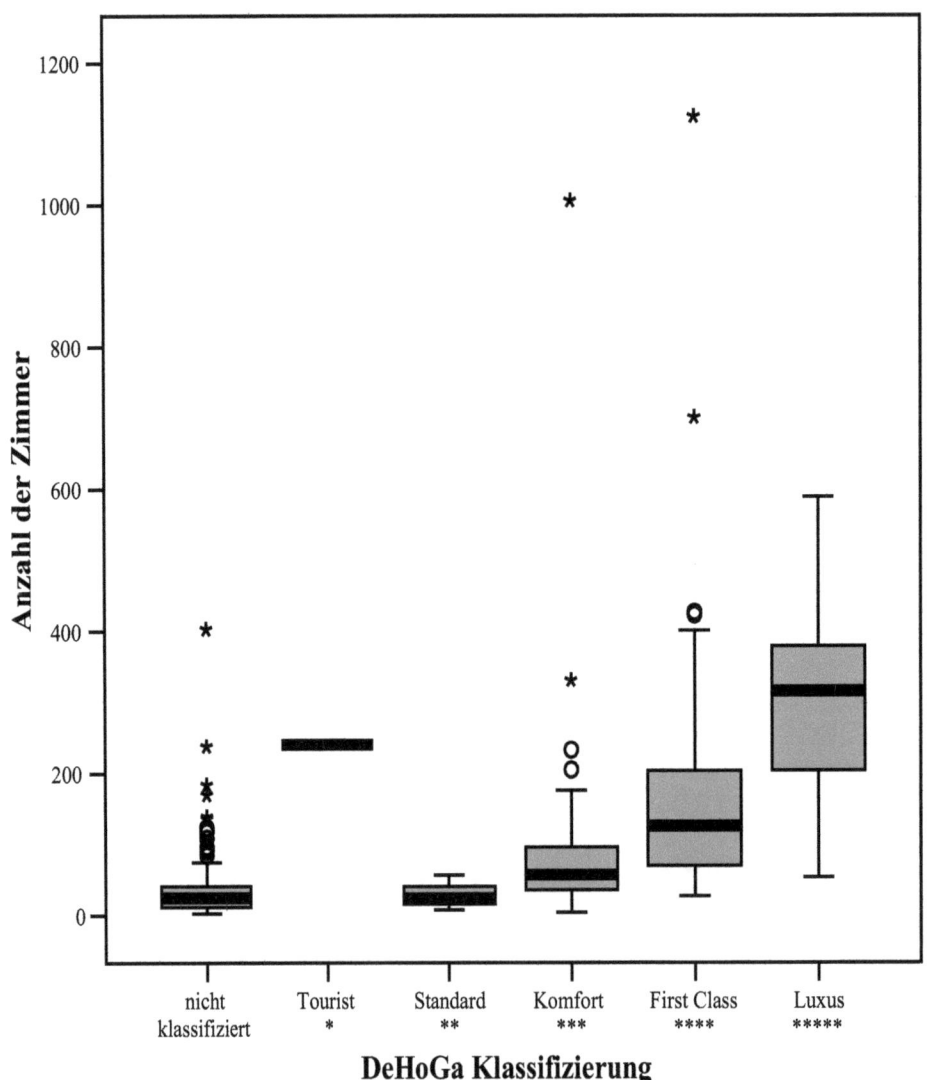

Quelle: Eigene Darstellung.

Boxplots zur Varianzanalyse

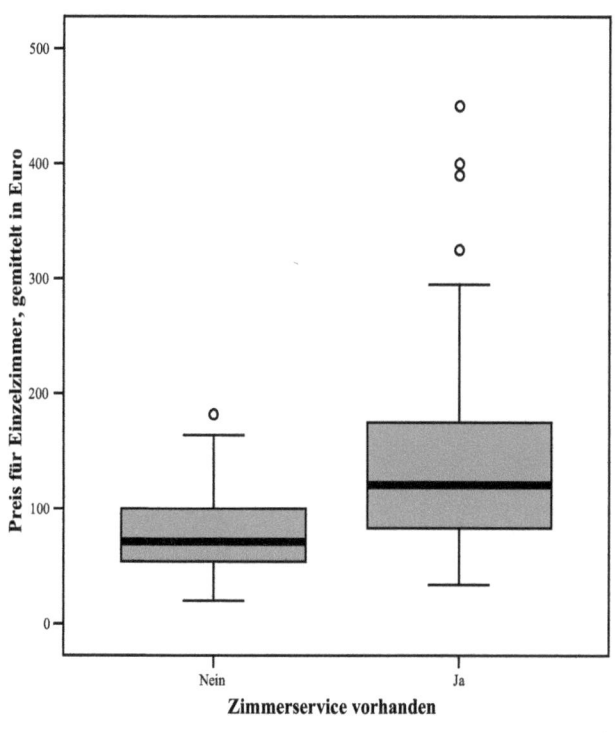

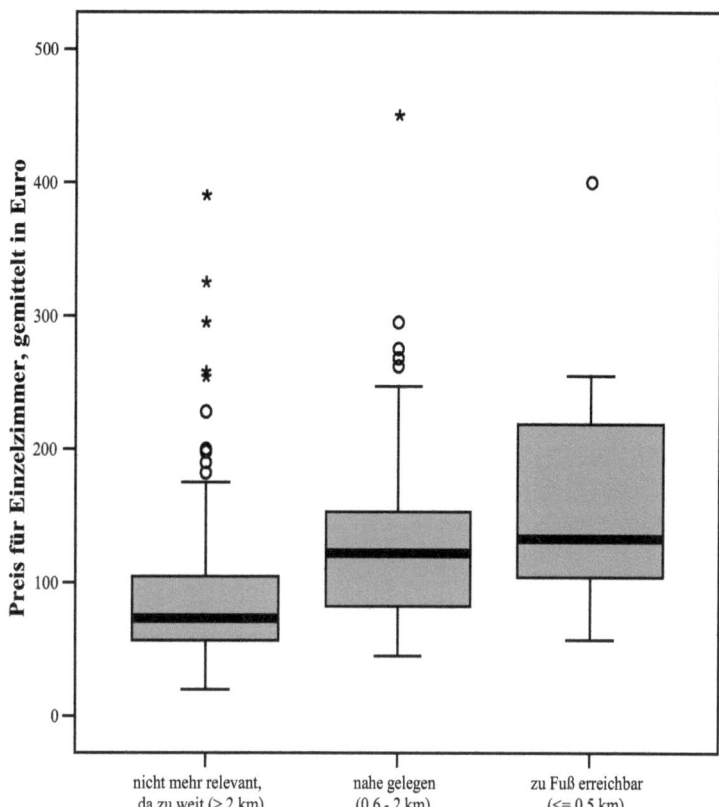

Quelle: Eigene Darstellung.

Unterschied: Zimmerpreise (Mittelwerte) nach Bezirken

Anhängige Variable: Preis für Einzelzimmer, gemittelt in Euro

	Anzahl	Mittelwert	Standard-abweichung	Minimum	Maximum
City Ost	85	118,08	83,024	21	450
City West	100	128,41	57,963	49	295
Norden	33	63,18	25,365	20	127
Osten	7	74,86	26,092	33	111
Süden	41	77,20	35,629	26	198
Westen	9	80,56	33,114	40	157
Gesamt	**275**	**106,83**	**65,218**	**20**	**450**

Erläuterung:

Mittelwert =   arithmetisches Mittel (s. Kapitel 2.2.2)
Standardabweichung =   durchschnittliche Abweichung der einzelnen Beobachtungswerte vom
                       arithmetischen Mittel

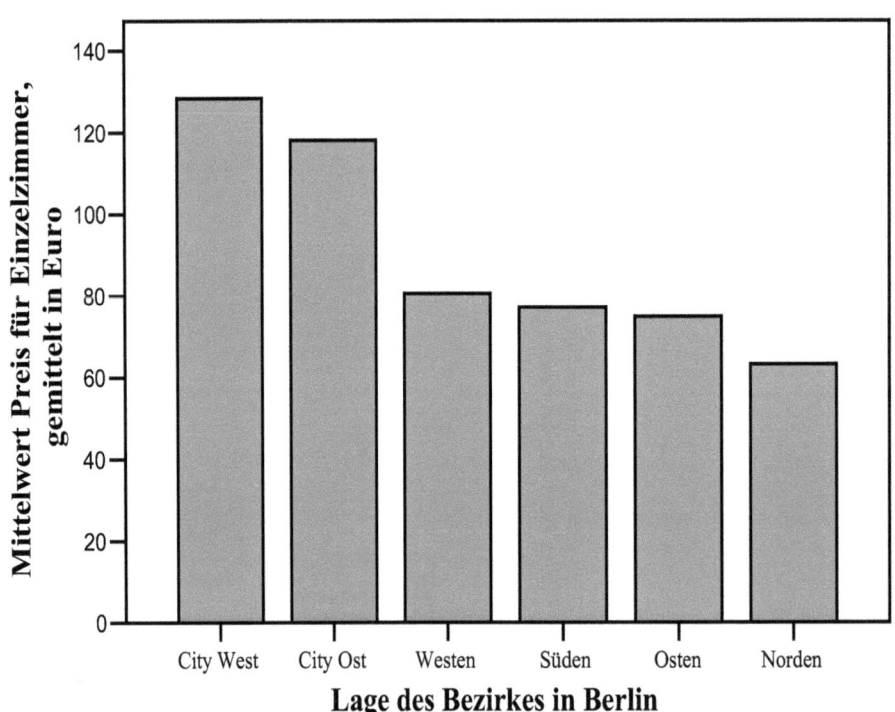

Quelle: Eigene Berechnung und Darstellung.